Zauberzahlen

Ziffern schreiben mit Simsala und Bim

Dieses Heft gehört: [redacted]

Ich habe:

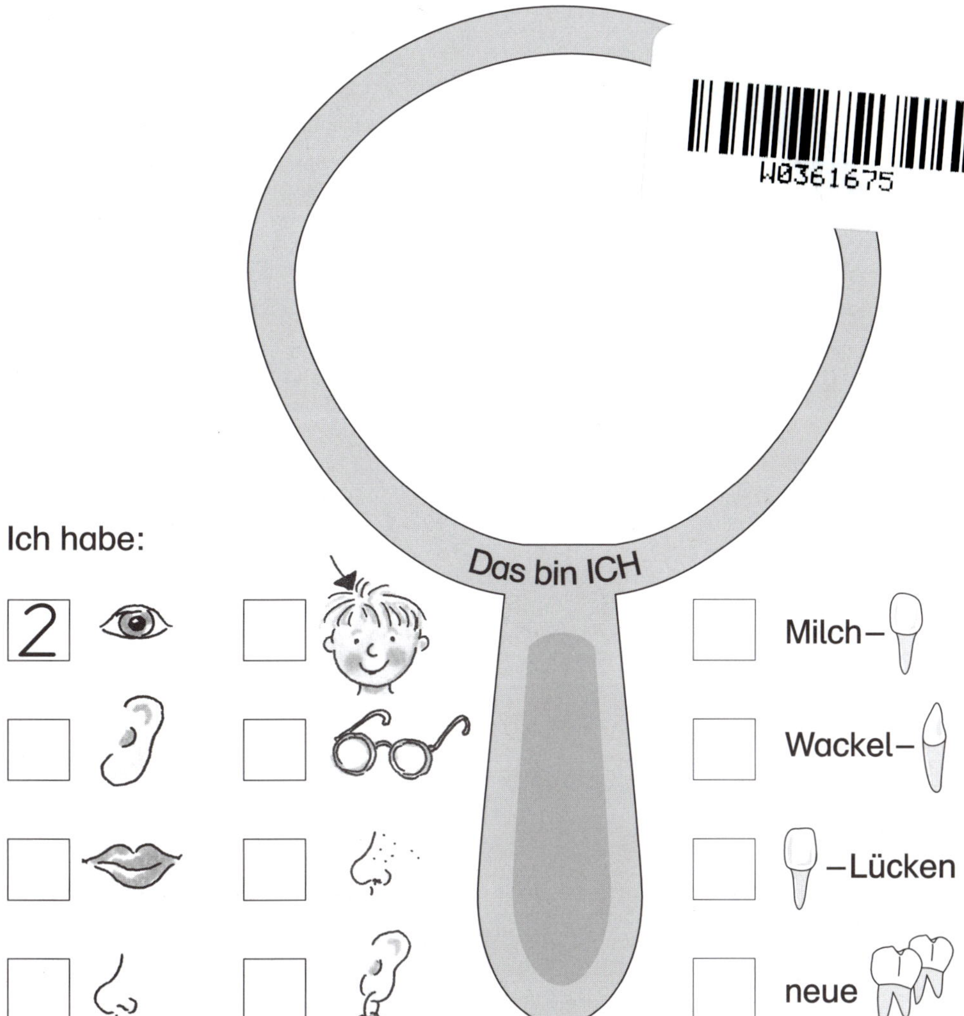

Autorinnen dieses Heftes:
Ruth Dolenc-Petz und Petra Ihn-Huber

Oldenbourg

Lauter bunte Windräder

1 1 1

1 1 1 1

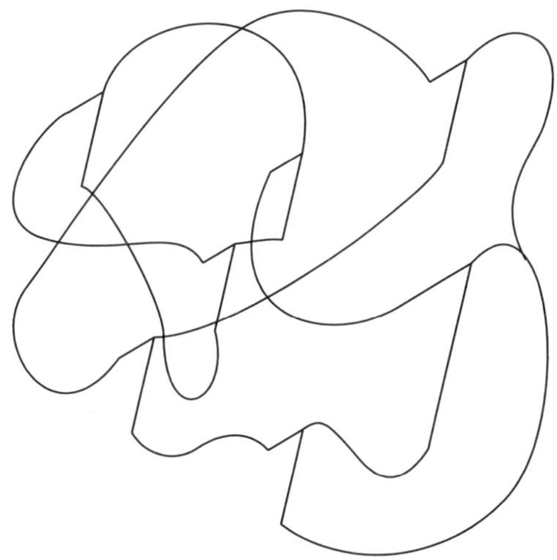

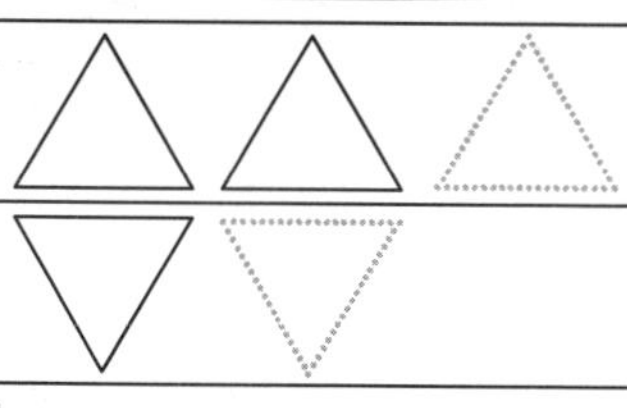

Übe auch auf Seite 22.

In der Sesselbahn

Übe auch auf Seite 23.

Um Autos herum

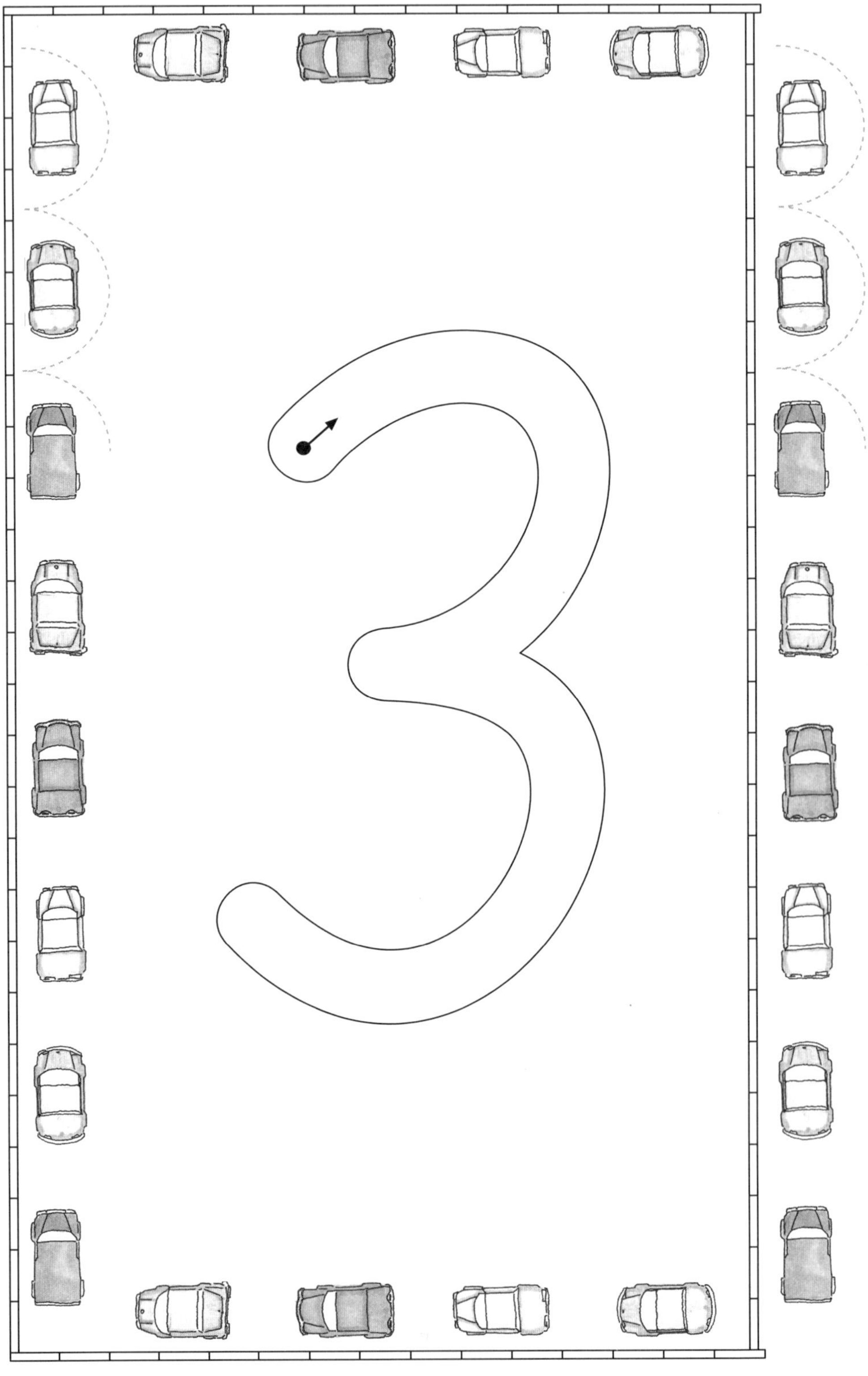

3 3 3

3 3 3 3

3 3

3 3 3

3 3

3 3

3

3

1 2 3 1 2

3 1

Male 3, 3, ...

Übe auch auf Seite 24.

Beim Rollern

4 4 4

4 4 4 4

4 4

4 4 4
4 4
4 4
4
4

1		2		3		4		1	
	2		3		4				

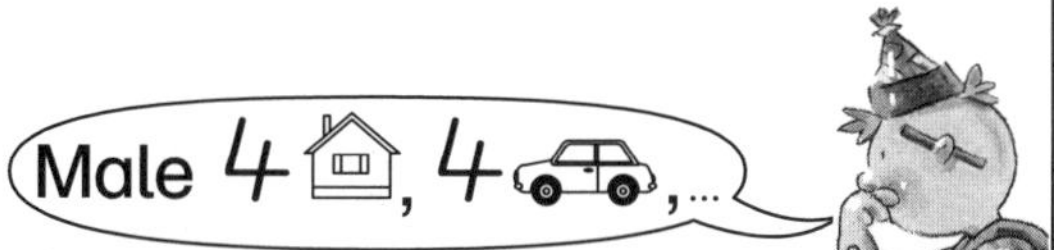

+ + +

L L L

Übe auch auf Seite 25.

Einradfahrer

5

5 5 5

5 5 5 5 5 5 5 5 5 5

1 2 3 4 5

1 2 3 4 5

Übe auch auf Seite 26.

Bunte Luftschlangen

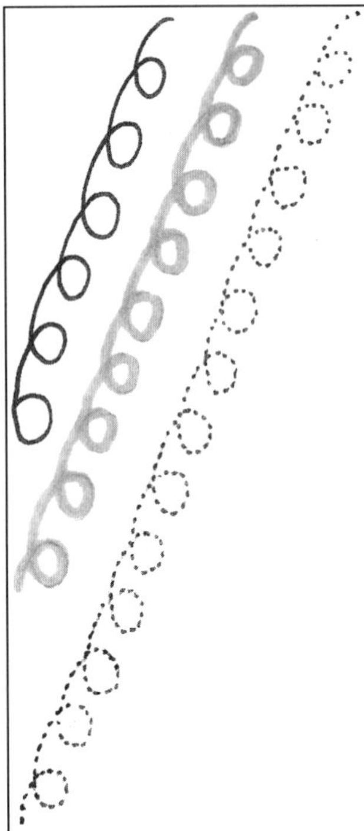

6 6 6 6

1	2	3	4	5
6				

Übe auch auf Seite 27.

Stehimbiss

7

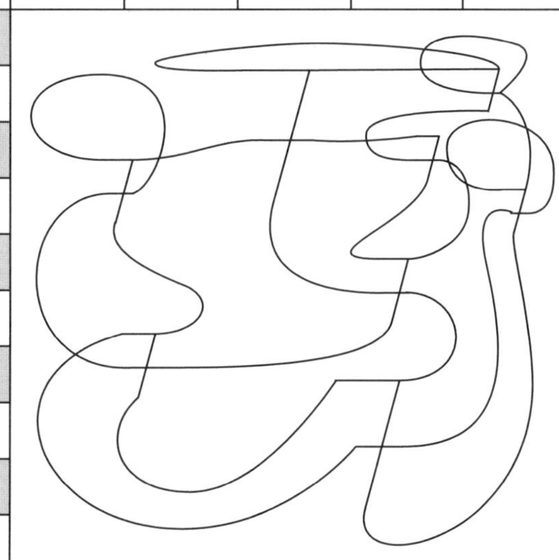

1 2 3 4 5
6 7 1 2 3
4 5 6 7

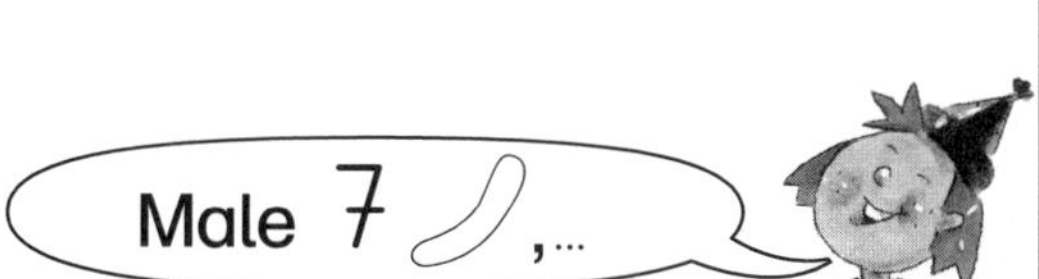

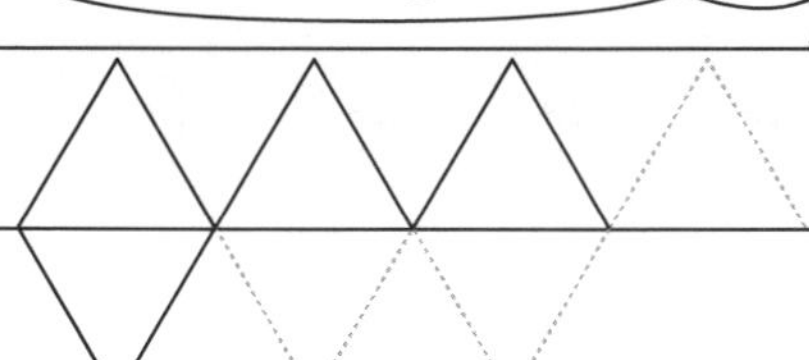

Übe auch auf Seite 28.

Autorennen

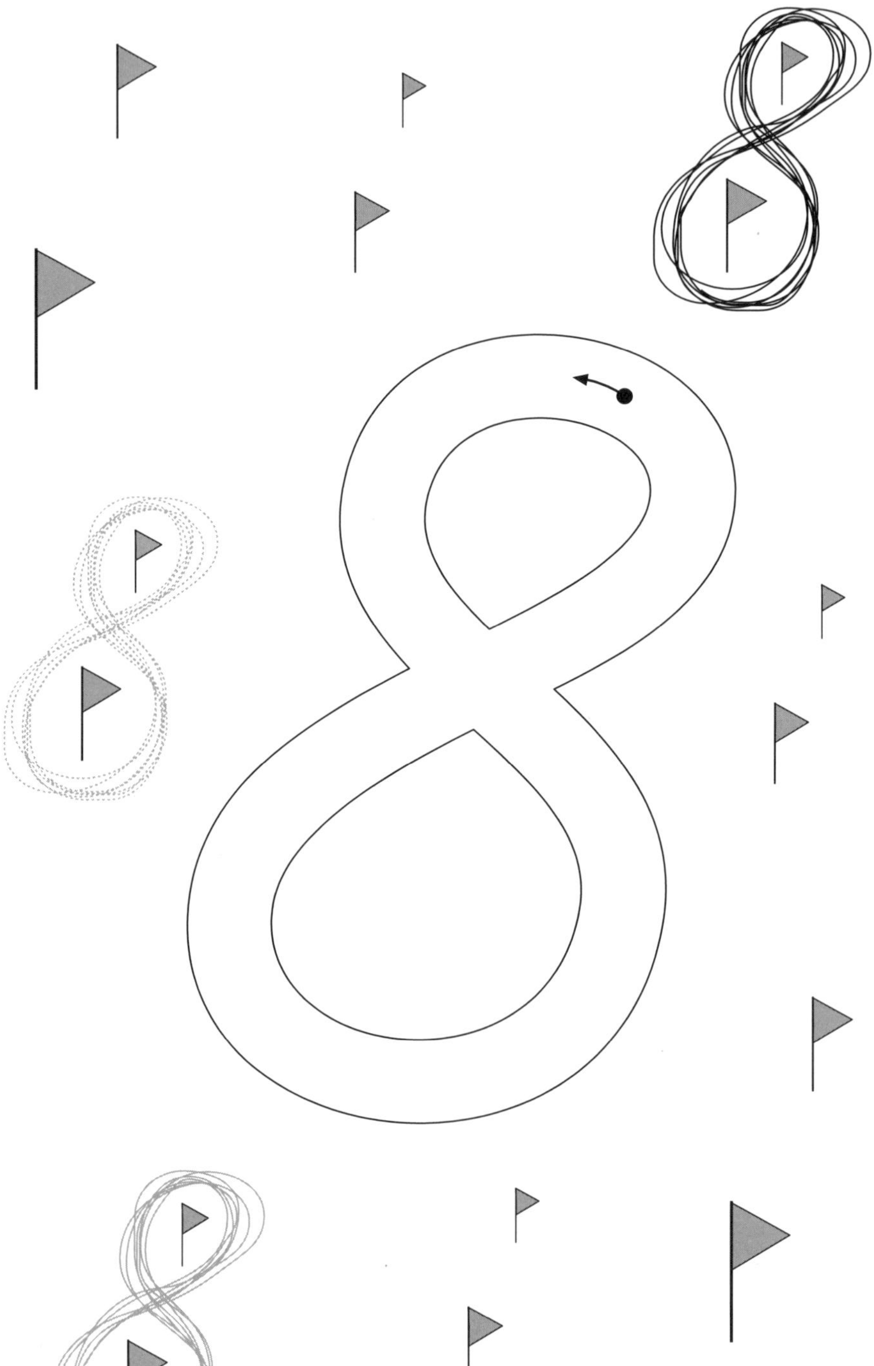

8 8 8

8 8 8

8 8

8 8 8

8 8

8 8

8

8

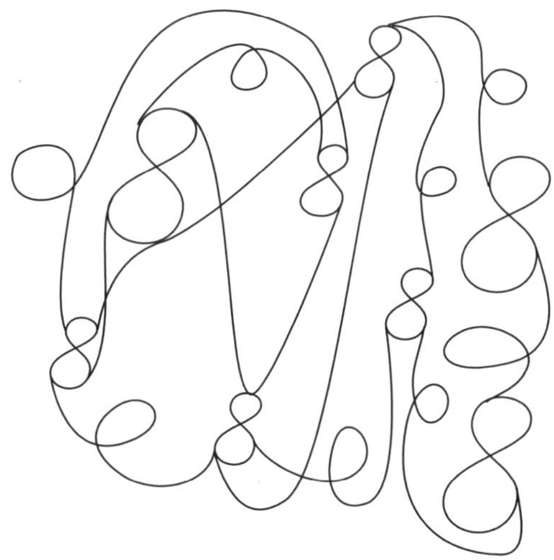

1		2		3		4		5	
	6		7		8		1		2
3		4		5		6		7	
	8								

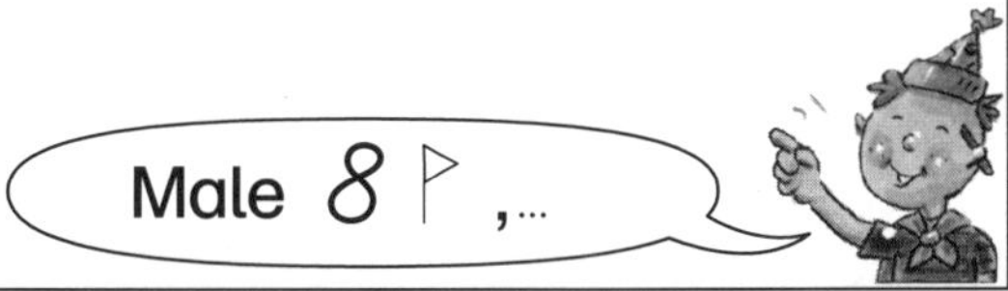

Übe auch auf Seite 29.

Kleider aufhängen

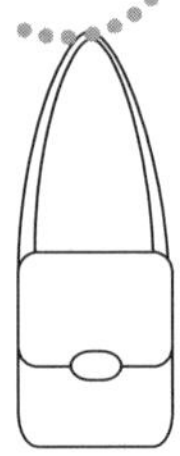

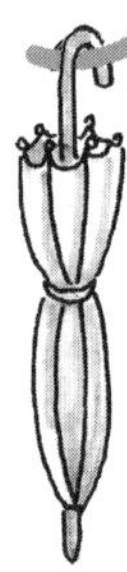

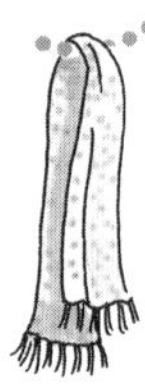

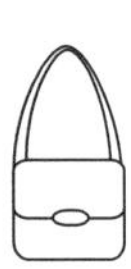

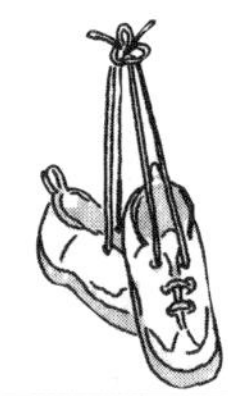

g g g

g g g g

g g

1		3		5		7		9
	2		4		6		8	
1		3		5		7		9
	2		4		6		8	

O J O J O J

J O J O

Übe auch auf Seite 30.

Drachenschnüre

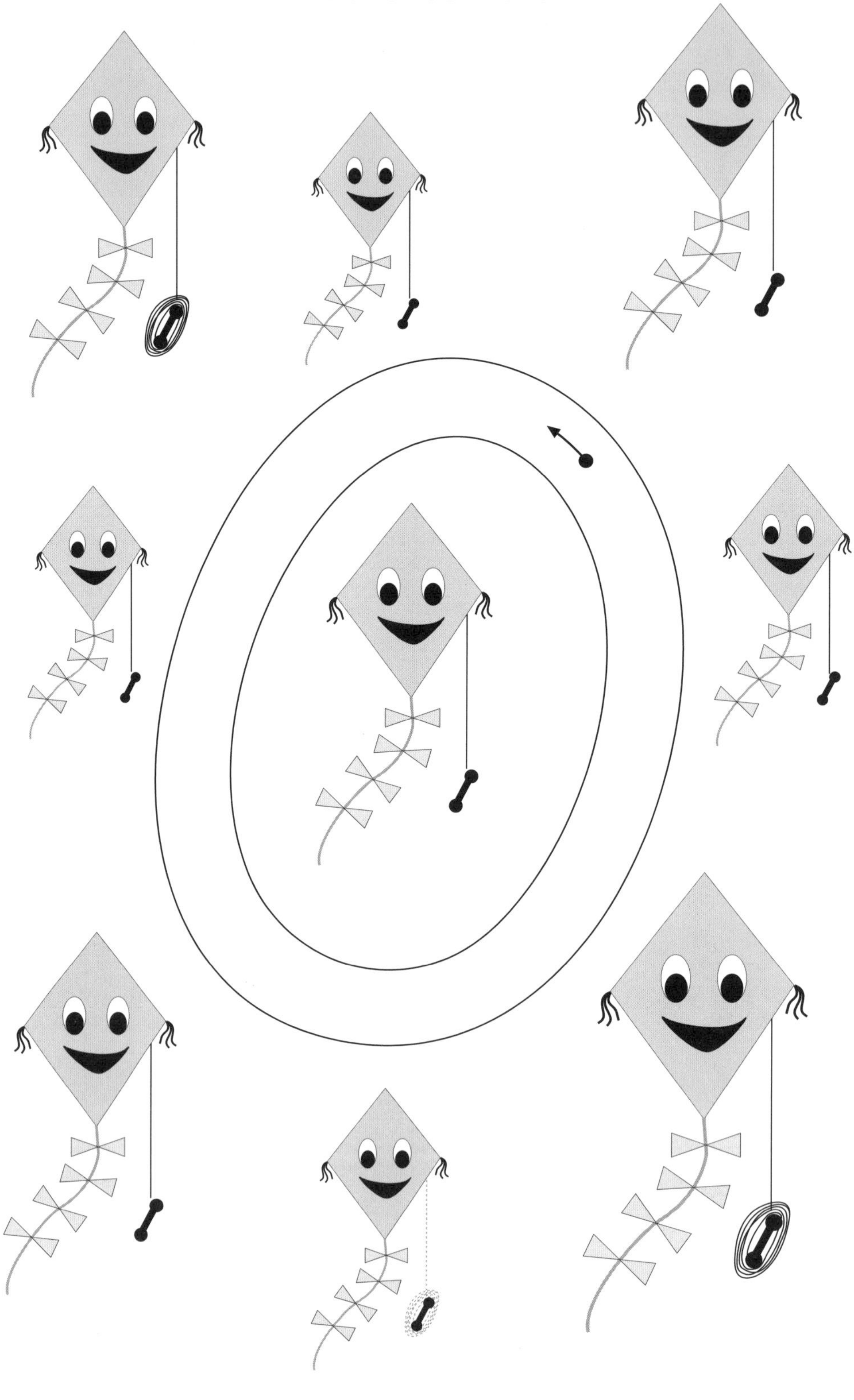

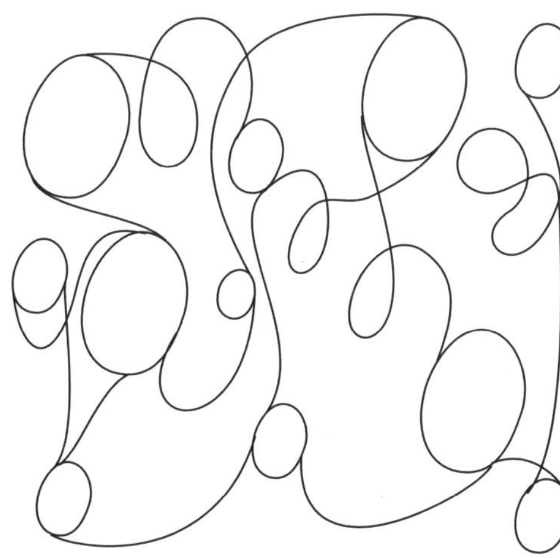

0		1		2		3		4	
	5		6		7		8		9
0									

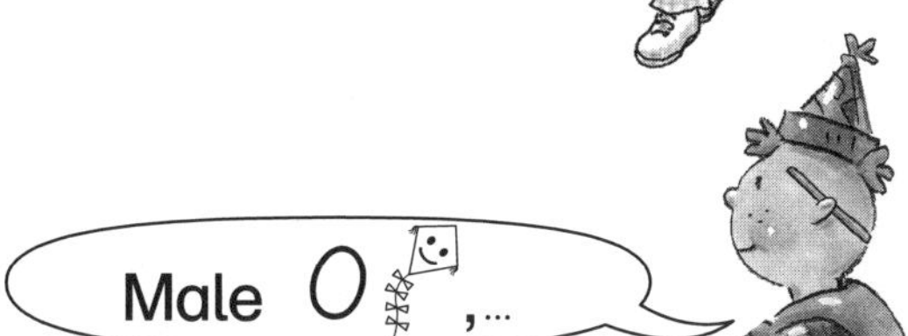

Übe auch auf Seite 31.

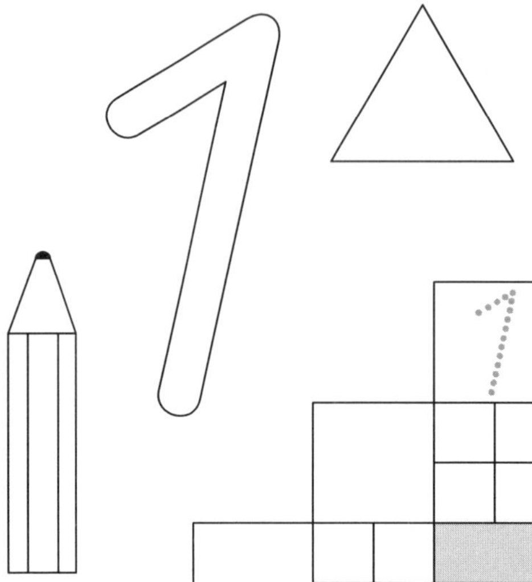

Lauter große Einsen

Male verschiedene Dinge, jeweils 1.

Lauter kleine Einsen

2 2 2

2 2 2 2

2

2 2 2 2

2

2

2

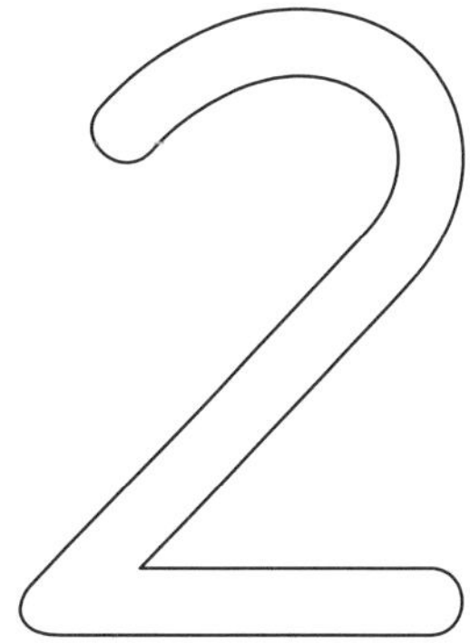

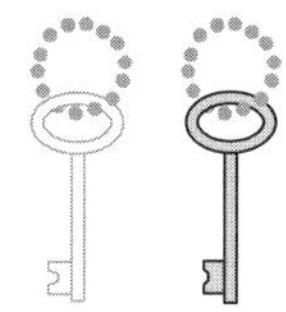

Lauter große Zweien

Lauter kleine Zweien

Male immer 2 gleiche Dinge.

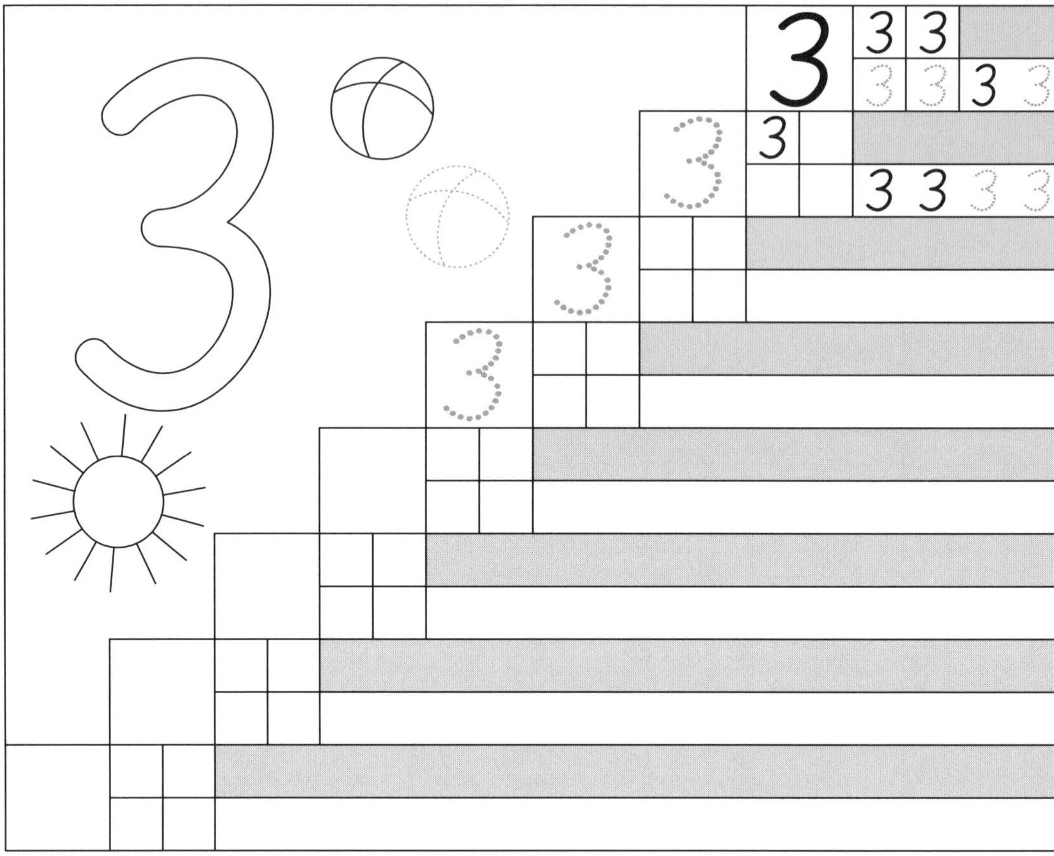

Lauter große Dreien

Male immer 3 gleiche Dinge.

Lauter kleine Dreien

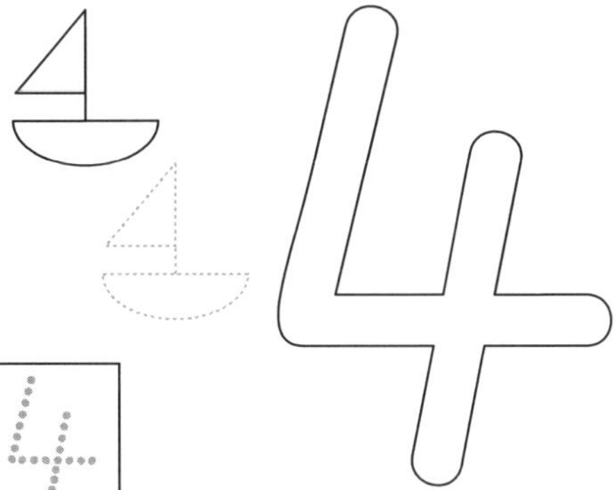

Lauter große Vieren

Lauter kleine Vieren

Male immer 4 gleiche Dinge.

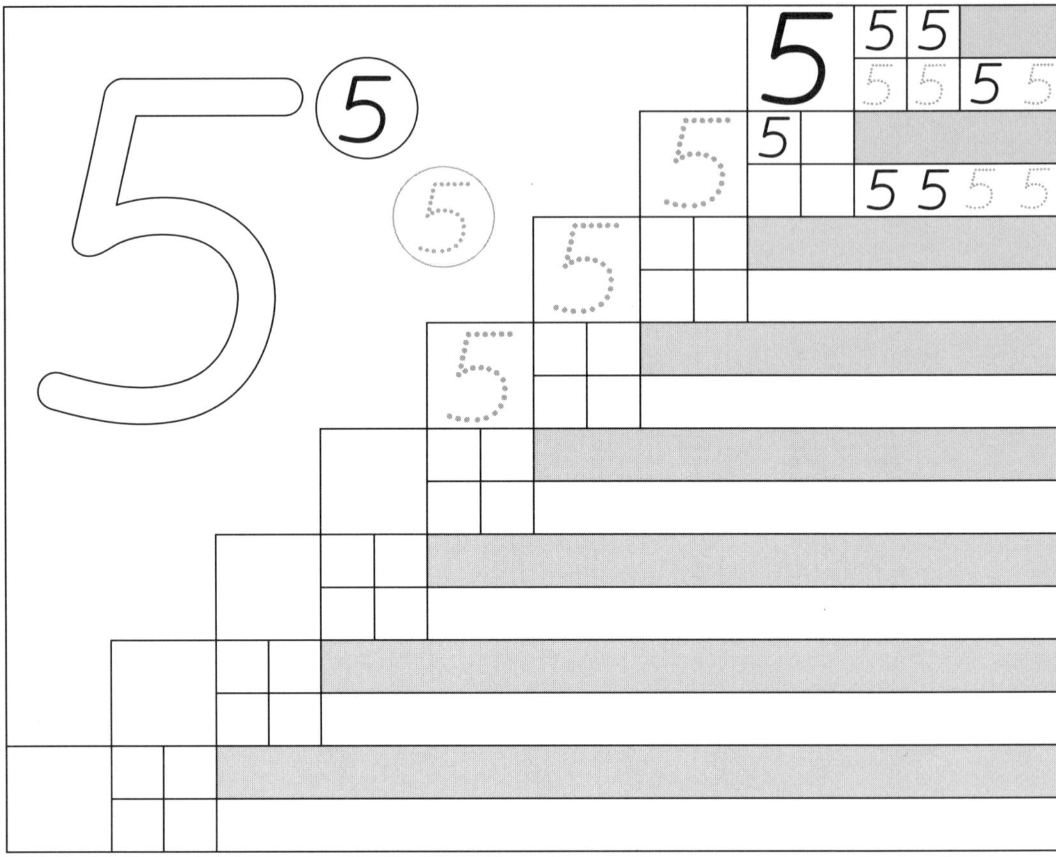

Lauter große Fünfen

Male immer 5 gleiche Dinge.

Lauter kleine Fünfen

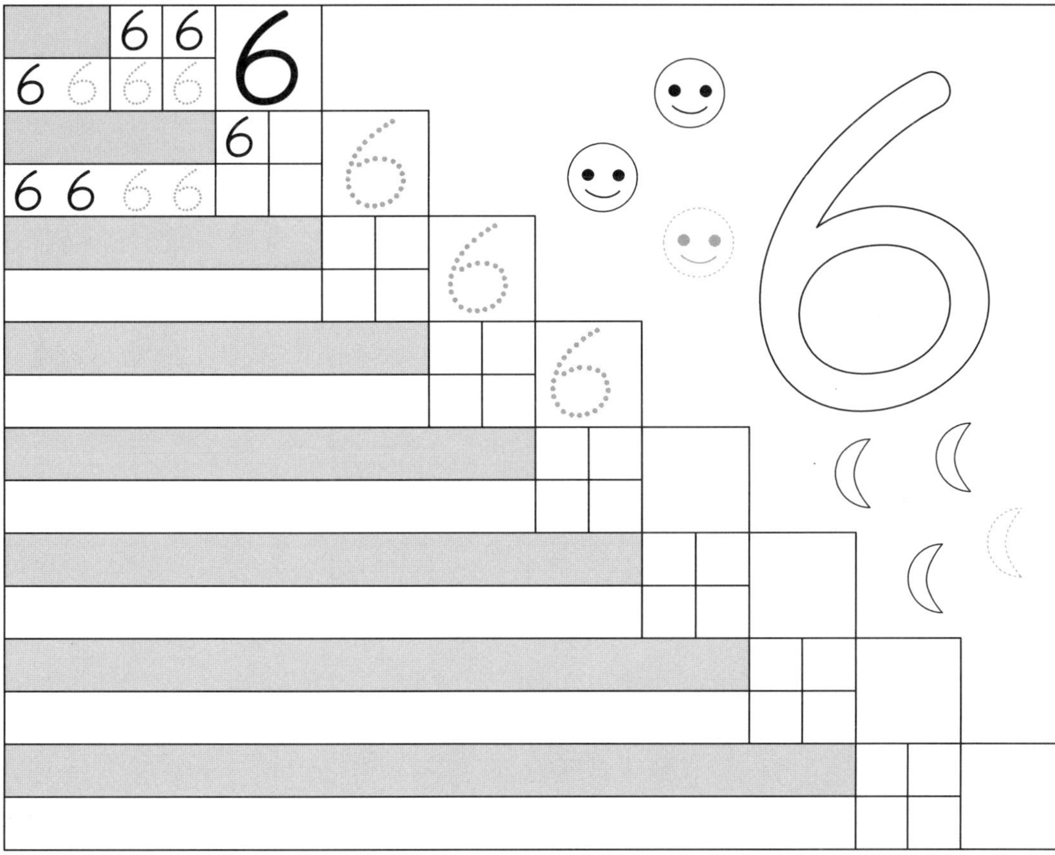

Lauter große Sechsen

Lauter kleine Sechsen

Male immer 6 gleiche Dinge.

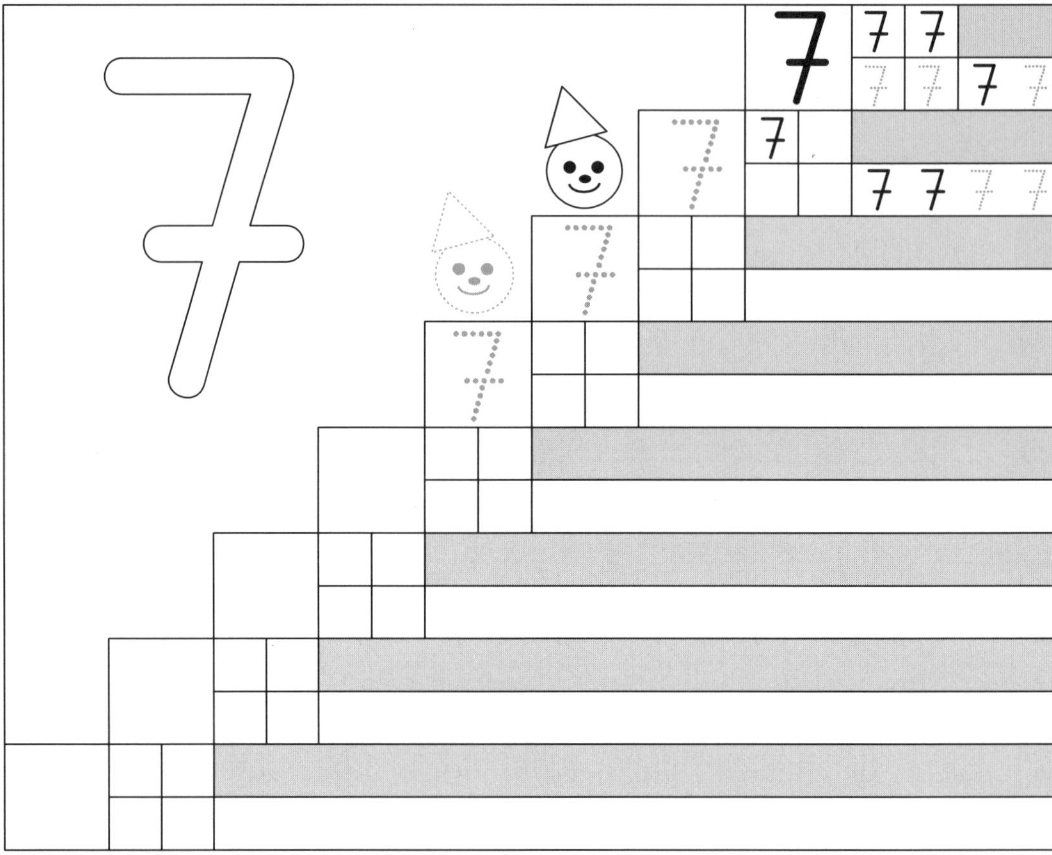

Lauter große Siebener

Male immer 7 gleiche Dinge.

Lauter kleine Siebener

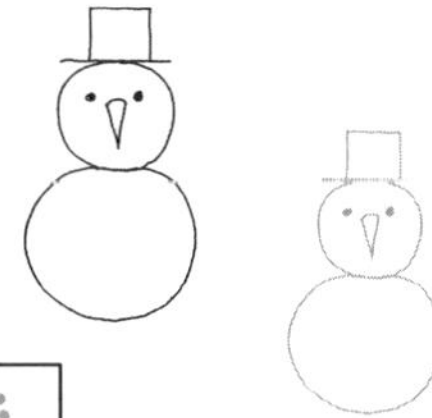

Lauter große Achten

Lauter kleine Achten

Male immer 8 gleiche Dinge.

Lauter große Neunen

Male immer 9 gleiche Dinge.

Lauter kleine Neunen

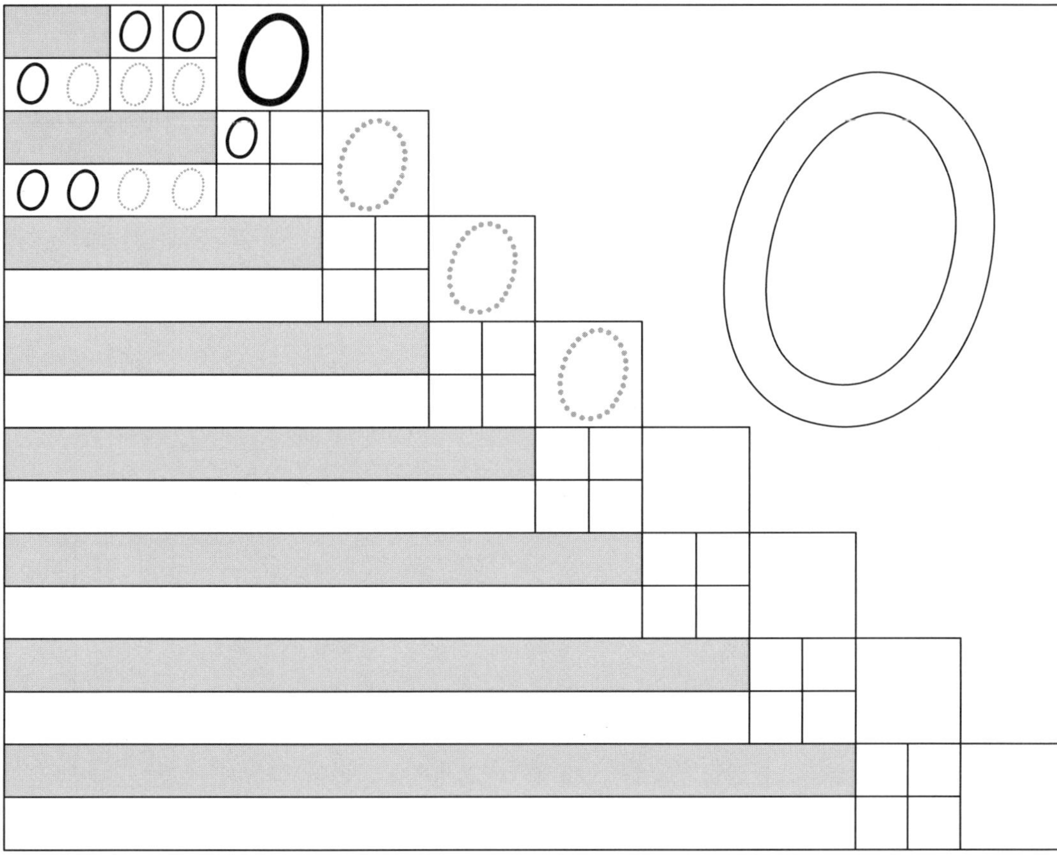

Lauter große Nullen

Lauter kleine Nullen

Male immer 0 gleiche Dinge.

Meine Lieblingszahl